MATH EXERCICES

Fill the missing numbers to complete the sequence on each row

7 8

10 9 6

3 5

3 2 4

Fill the missing numbers to complete the sequence on each row

7 5 9

7 6 5

Fill the missing numbers to complete the sequence on each row

2 4 5

1 3

Write the missing numbers

1	2		
5			8
	10		12
13		16	
	18	19	

Write the missing numbers

1			4
	6	7	8
	10	11	
13			16
	18		20

Write the missing numbers

		3	
5		7	
	10		12
13			16
	18		

HOW MANY

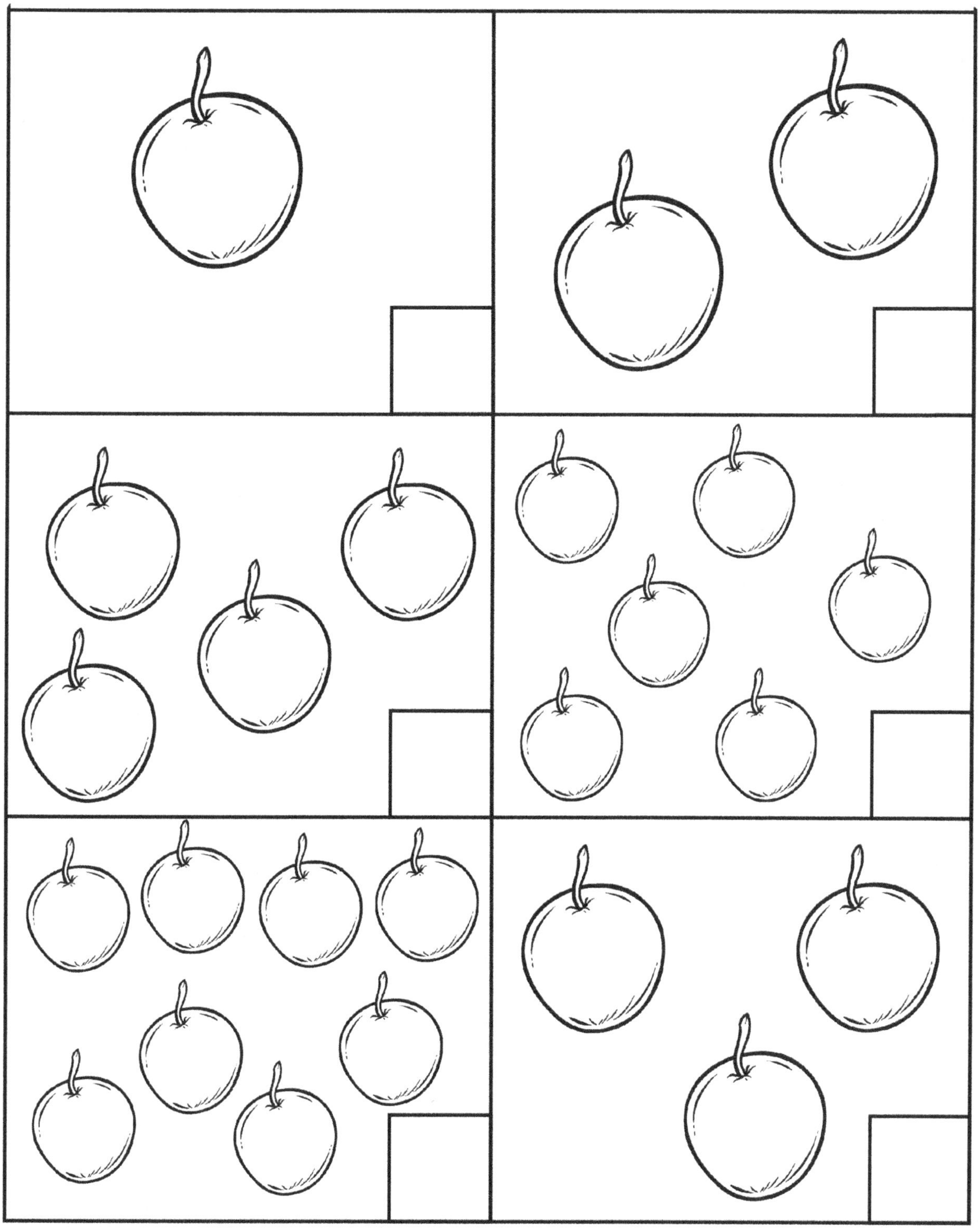

HOW MANY

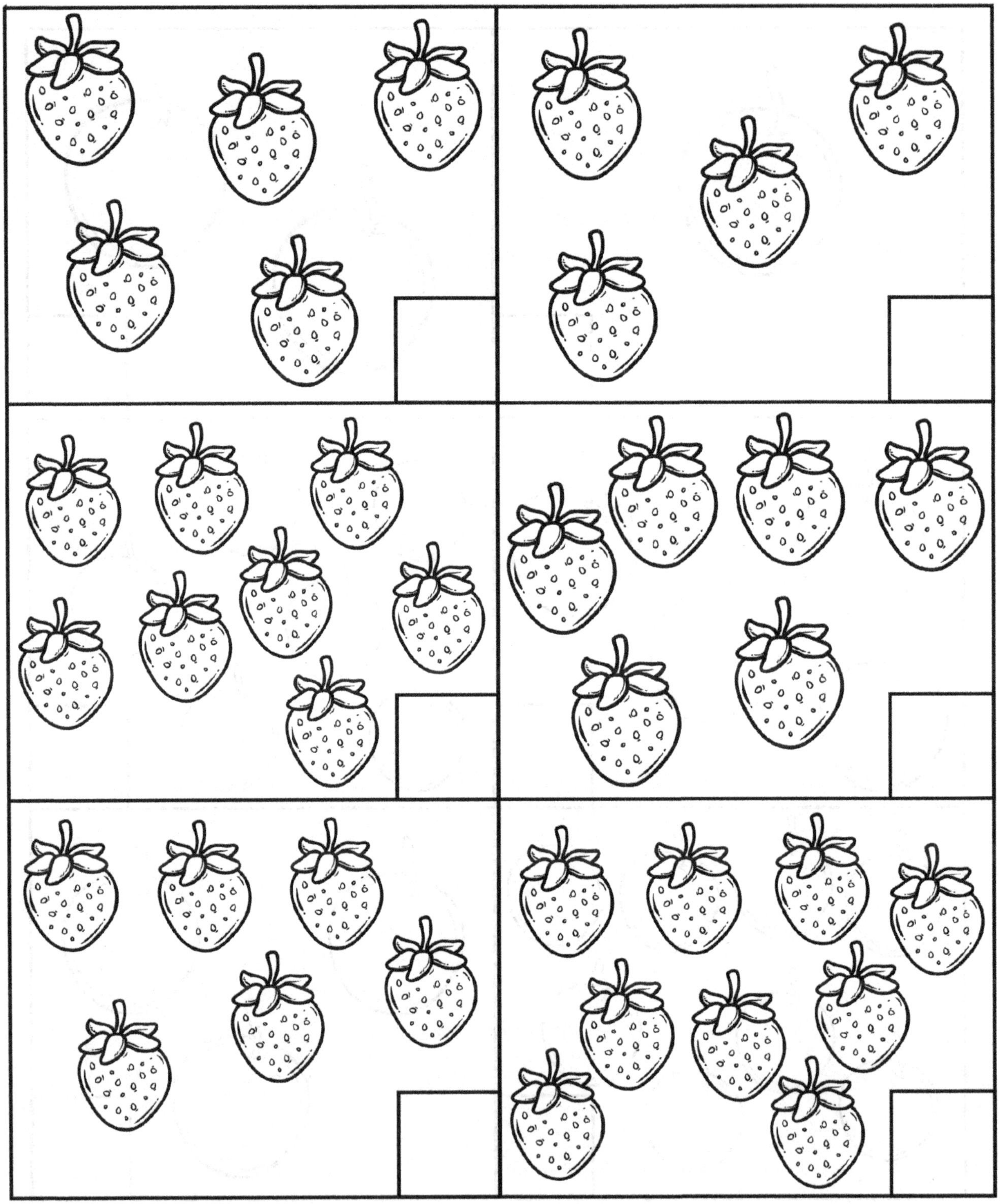

Write doubles equations to match the hands

☐ + ☐ = ☐

☐ + ☐ = ☐

☐ + ☐ = ☐

☐ + ☐ = ☐

☐ + ☐ = ☐

☐ + ☐ = ☐

Write doubles equations to match the hands

☐ + ☐ = ☐

☐ + ☐ = ☐

☐ + ☐ = ☐

☐ + ☐ = ☐

☐ + ☐ = ☐

☐ + ☐ = ☐

ADDITION

5 + 1 =

4 + 3 =

2 + 5 =

5 + 2 =

ADDITION

3 + 2 =

4 + 1 =

3 + 3 =

1 + 4 =

ADDITION

1 + 6 =

1 + 4 =

8 + 1 =

7 + 1 =

ADDITION

3 + 4 =

2 + 3 =

4 + 4 =

2 + 4 =

ADDITION

10 + 4 =

5 + 10 =

10 + 6 =

8 + 10 =

ADDITION

2	5	3	8	2
+ 1	+ 3	+ 2	+ 1	+ 4
5	2	2	5	6
+ 3	+ 4	+ 5	+ 2	+ 2
3	4	2	6	3
+ 2	+ 2	+ 4	+ 1	+ 3
4	4	6	1	5
+ 2	+ 4	+ 2	+ 3	+ 2
3	2	2	1	2
+ 1	+ 5	+ 3	+ 0	+ 2

ADDITION

2	3	6	4	3
+ 0	+ 1	+ 1	+ 1	+ 2
3	0	6	3	4
+ 6	+ 4	+ 2	+ 1	+ 1
7	2	1	3	6
+ 0	+ 1	+ 2	+ 3	+ 3
3	5	2	3	4
+ 5	+ 0	+ 2	+ 4	+ 0
5	2	2	4	0
+ 2	+ 1	+ 4	+ 1	+ 1

ADDITION

0 + 9 = ___	2 + 6 = ___	5 + 4 = ___	3 + 1 = ___	3 + 1 = ___
0 + 0 = ___	4 + 4 = ___	2 + 0 = ___	5 + 2 = ___	4 + 2 = ___
3 + 1 = ___	4 + 2 = ___	5 + 1 = ___	3 + 1 = ___	4 + 2 = ___
3 + 4 = ___	1 + 2 = ___	4 + 1 = ___	3 + 5 = ___	2 + 2 = ___
3 + 0 = ___	0 + 9 = ___	2 + 5 = ___	6 + 1 = ___	1 + 4 = ___

ADDITION

7 + 2	2 + 5	1 + 1	3 + 2	2 + 2
3 + 2	0 + 2	4 + 1	5 + 3	6 + 0
5 + 0	1 + 0	6 + 2	5 + 1	0 + 4
1 + 1	5 + 1	1 + 7	3 + 1	4 + 4
5 + 2	2 + 2	8 + 1	4 + 0	5 + 2

Dot the number 5 Maze

5	2	3	6	8	9	4	6
5	5	6	4	2	3	7	6
7	5	2	3	6	9	4	7
8	5	9	4	7	8	6	1
5	5	2	4	1	6	8	6
5	5	5	5	5	1	4	6
4	2	7	8	5	5	5	1
9	8	3	4	2	9	5	5

Substract the number and write the correct answer

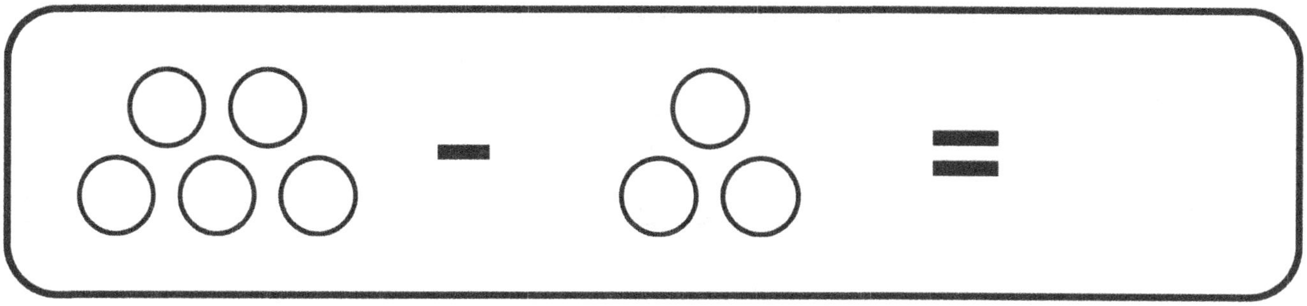

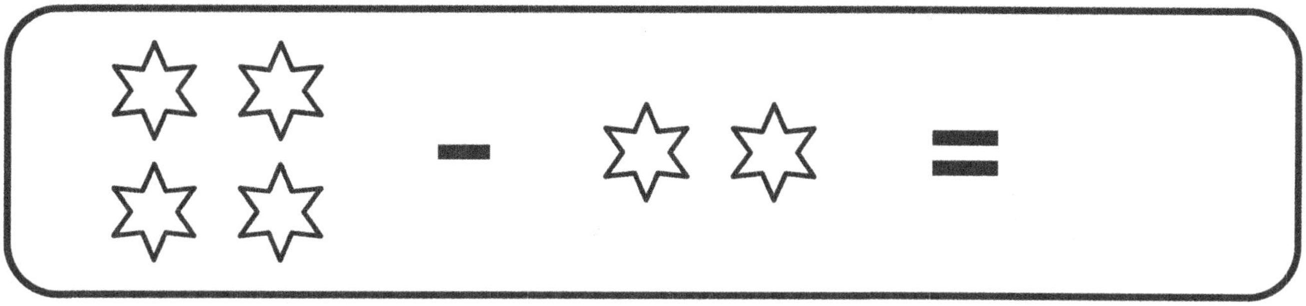

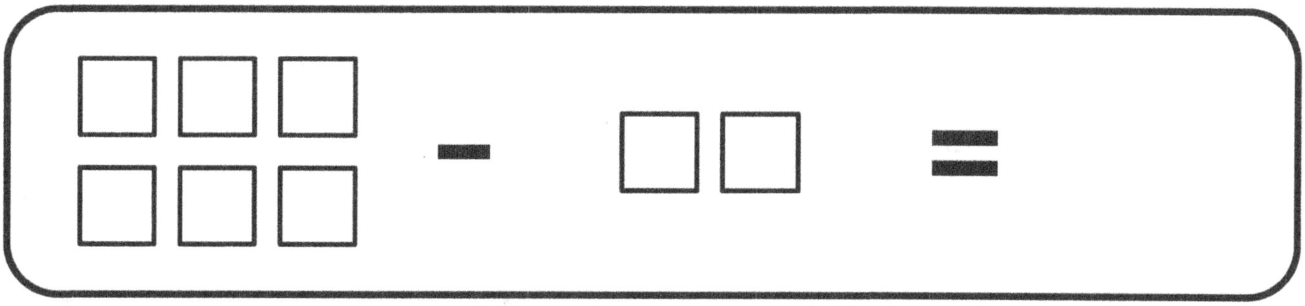

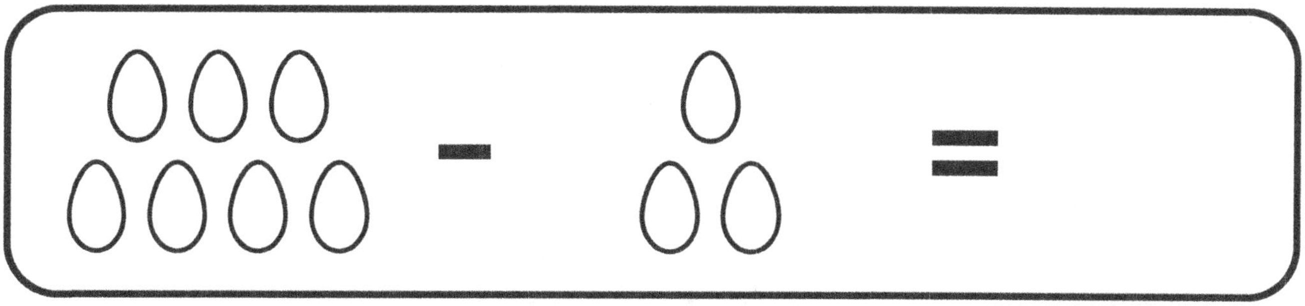

Substract the number and write the correct answer

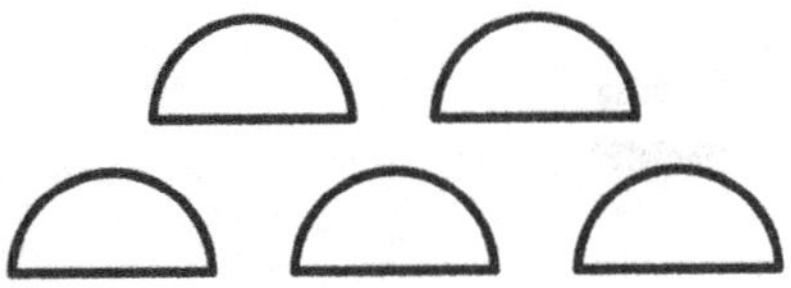 −  =

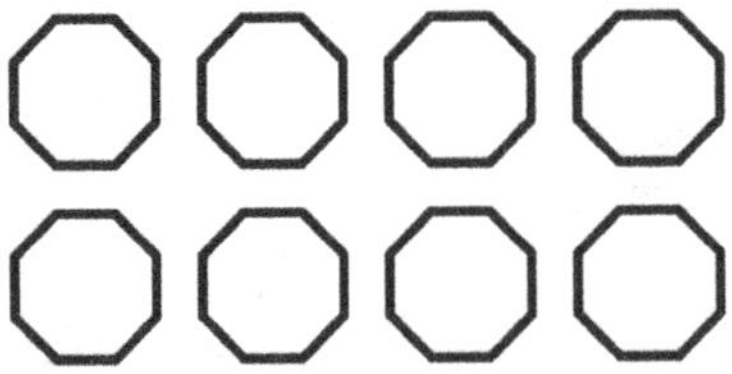 − 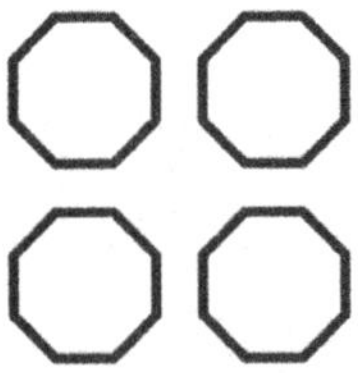 =

 −  =

 −  =

Substract the number and write the correct answer

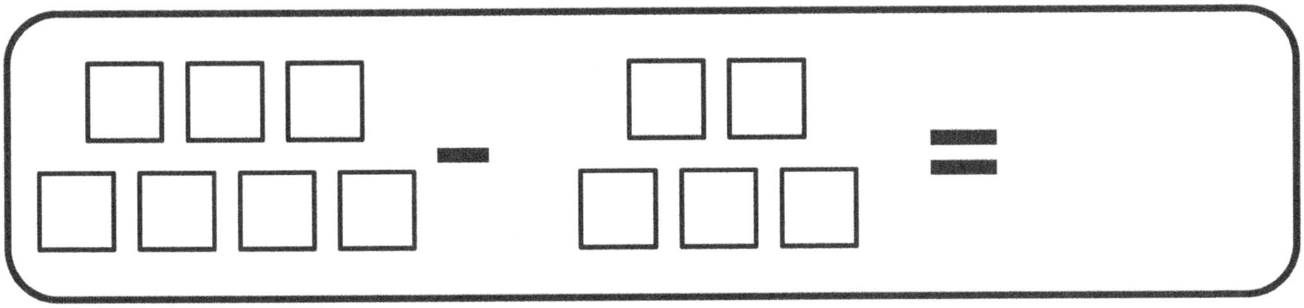

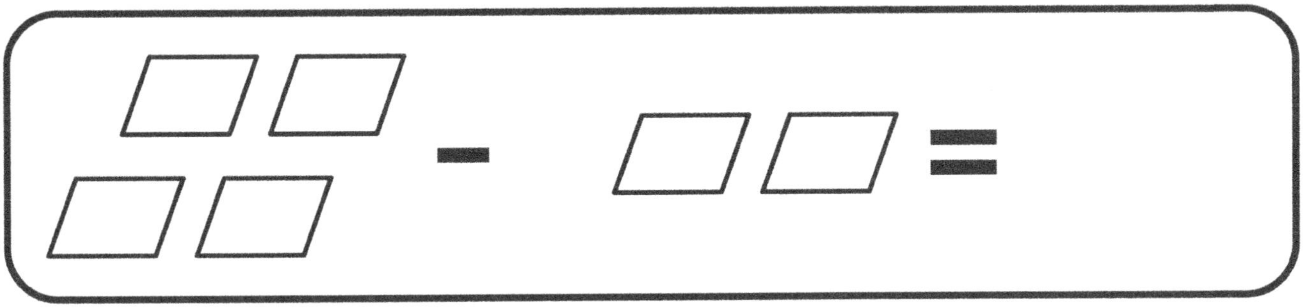

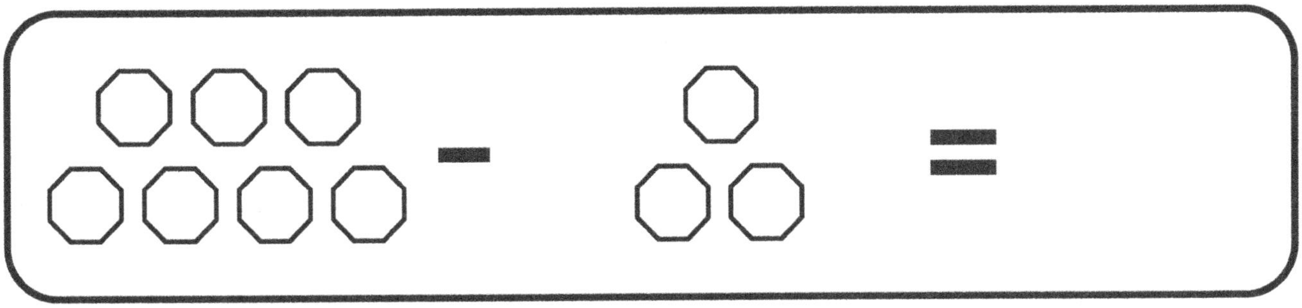

Substract the number and write the correct answer

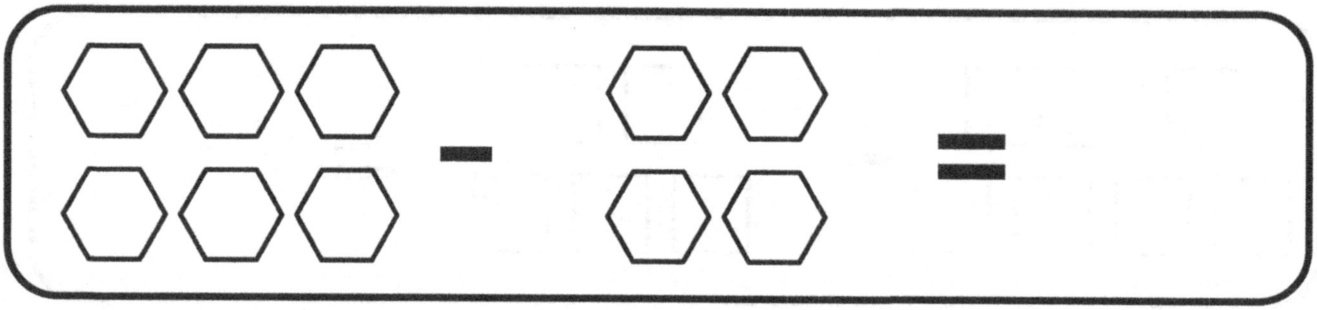

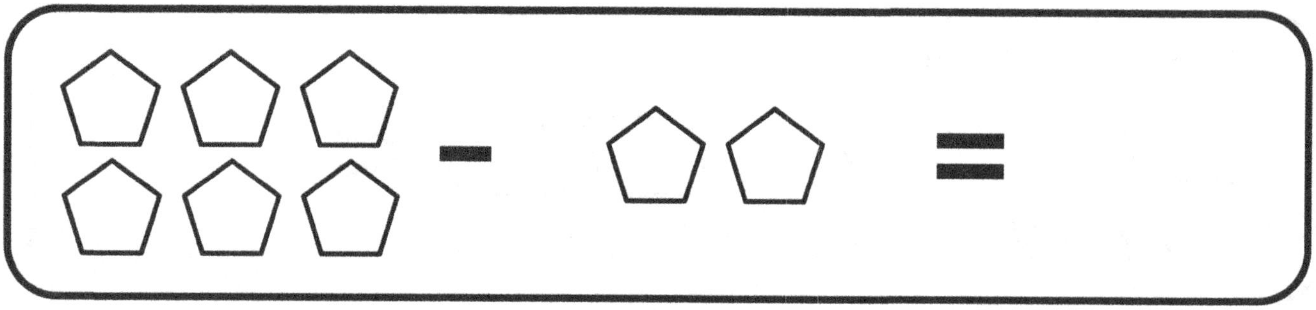

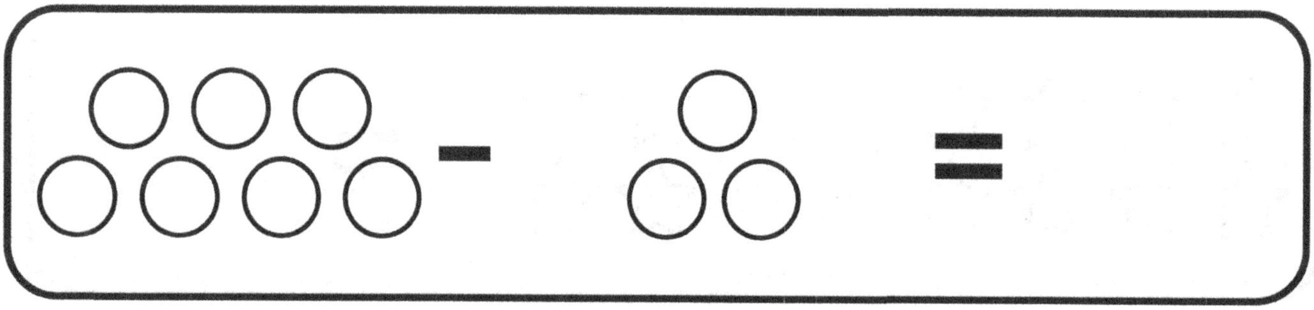

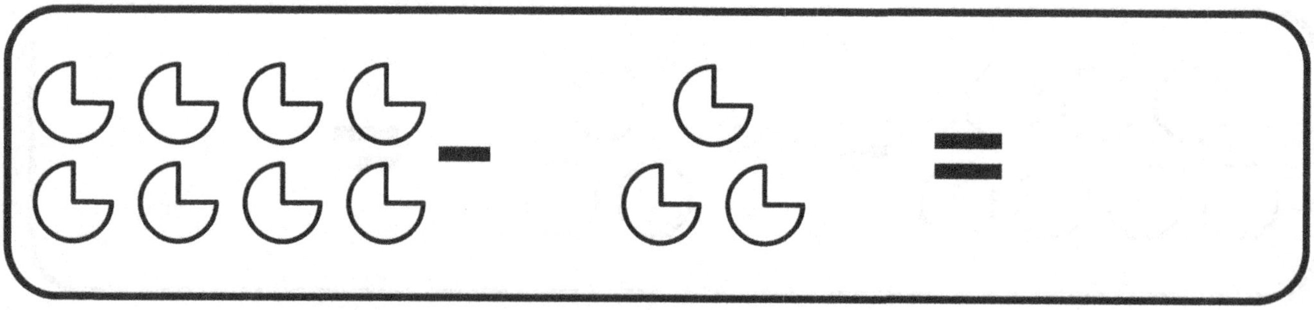

Substract the number and write the correct answer

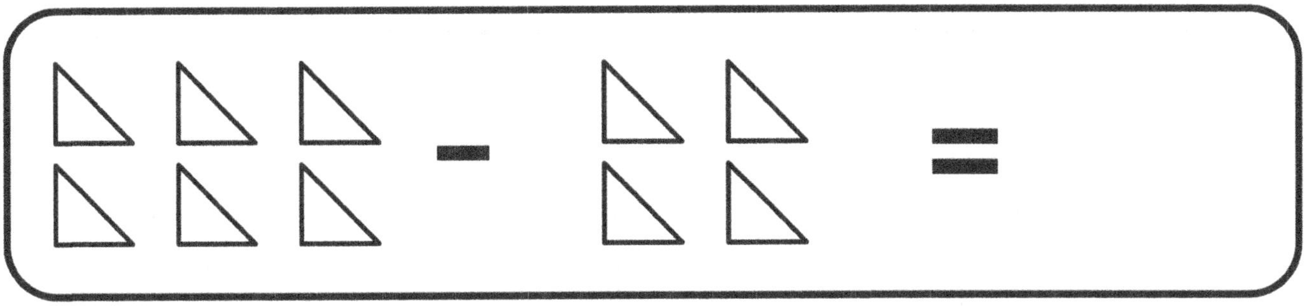

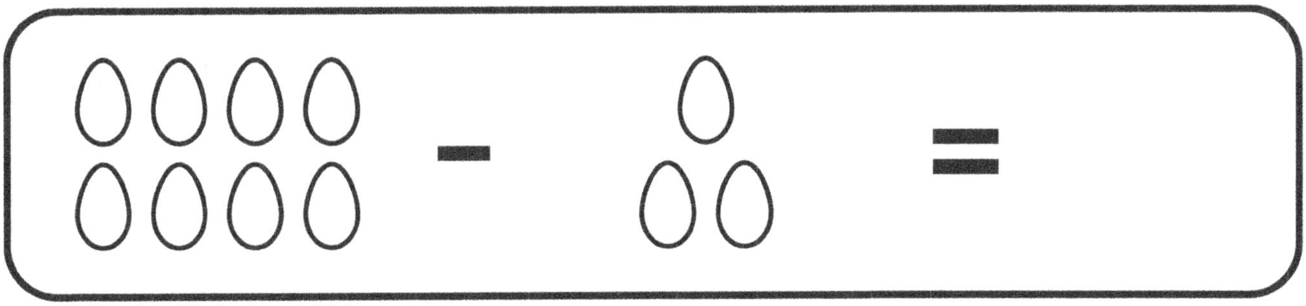

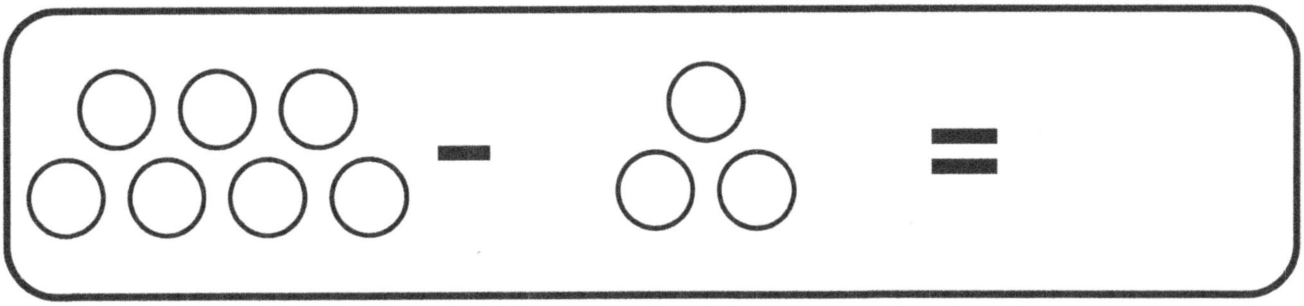

Add the numbers and write the correct answer

3 + 9 = ☐

4 + 9 = ☐

7 + 9 = ☐

9 + 9 = ☐

0 + 9 = ☐

5 + 9 = ☐

6 + 10 = ☐

9 + 10 = ☐

10 + 10 = ☐

0 + 10 = ☐

3 + 10 = ☐

1 + 10 = ☐

Add the numbers and write the correct answer

5 + 7 = ☐ 7 + 7 = ☐ 2 + 7 = ☐

0 + 7 = ☐ 3 + 7 = ☐ 9 + 7 = ☐

6 + 8 = ☐ 2 + 8 = ☐ 10 + 8 = ☐

3 + 8 = ☐ 9 + 8 = ☐ 4 + 8 = ☐

Add the numbers and write the correct answer

0 + 5 = ☐
10 + 5 = ☐
9 + 5 = ☐

4 + 5 = ☐
1 + 5 = ☐
7 + 5 = ☐

6 + 6 = ☐
2 + 6 = ☐
3 + 6 = ☐

9 + 6 = ☐
4 + 6 = ☐
1 + 6 = ☐

Add the numbers and write the correct answer

0 + 1 = ☐ 5 + 1 = ☐ 9 + 1 = ☐

1 + 1 = ☐ 10 + 1 = ☐ 7 + 1 = ☐

1 + 2 = ☐ 2 + 2 = ☐ 8 + 2 = ☐

5 + 2 = ☐ 10 + 2 = ☐ 9 + 2 = ☐

Compare numbers with these signs

=	>	<

5……3	8……7
11……16	23……23
23……32	37……44
78……59	15……15
92……91	36……54
175……168	114……231

SIGHTS WORDS

up

COLOR IT

up

TRACE IT

up up up up up

up up up up up

FIND AND COLOR IT

up ask we live

his up

I we up we I

COLOR IT

look

look

TRACE IT

look look look

look look look

FIND AND COLOR IT

look his ask we look on

look we look me I

COLOR IT

is

is

TRACE IT

is is is is is is is

is is is is is is is

FIND AND COLOR IT

is his is we is on is we can is I

COLOR IT

go

go

TRACE IT

go go go go

go go go go

FIND AND COLOR IT

go go can me

go go

can we go me I

COLOR IT

down

down

TRACE IT

down down

down down

FIND AND COLOR IT

me down down me

his the

down down can me I

COLOR IT

not

not

TRACE IT

not not not not

not not not not

FIND AND COLOR IT

not one not can me not the can can not I

COLOR IT

blue

blue

TRACE IT

blue blue blue

blue blue blue

FIND AND COLOR IT

one blue can see

blue blue

blue like blue one I

big

COLOR IT

big

TRACE IT

big big big big
big big big big

FIND AND COLOR IT

big see the big big one
see big big big I

COLOR IT

red

red

TRACE IT

red red red

red red red

FIND AND COLOR IT

red · the · red · red · red · like · see · like · red · one · to

COLOR IT

jump

jump

TRACE IT

jump jump jump
jump jump jump

FIND AND COLOR IT

one the two to
jump jump
jump like jump one two

PUZZLE 01

Q	A	V	L	B	P	K	W	J	L
W	H	I	L	E	M	U	T	R	H
X	H	H	X	O	G	E	T	W	D
O	N	X	O	J	Z	L	A	U	E
H	F	O	S	U	J	E	K	N	Q
S	Z	B	N	L	T	A	E	T	Z
A	U	W	T	G	H	V	E	A	O
F	A	M	I	L	Y	E	P	O	W
L	Q	K	I	A	A	Z	I	E	N
U	F	P	O	L	D	U	O	J	C

family
own
out
leave
put

while
mean
on
keep
Old

PUZZLE 02

W	B	E	G	I	N	R	C	P	C
H	R	E	D	E	A	U	L	J	W
Y	M	S	S	W	L	T	E	G	C
H	H	G	T	S	T	E	V	R	O
E	K	R	U	A	O	Z	T	E	U
C	W	O	D	M	A	G	L	A	N
F	B	U	E	E	I	B	O	T	T
I	U	P	N	W	S	I	U	R	R
C	Z	D	T	G	H	G	L	A	Y
M	U	V	S	E	E	M	S	L	X

student	big
why	group
let	begin
great	seem
same	country

PUZZLE 03

H	V	P	H	L	R	V	S	S	A
N	W	R	A	A	E	C	T	Q	E
M	U	O	N	J	I	B	A	M	V
R	L	B	D	O	E	F	R	D	E
G	T	L	M	I	T	B	T	G	R
X	U	E	I	H	S	A	J	J	Y
S	R	M	G	E	M	H	L	N	J
B	N	S	H	L	G	F	O	K	Z
R	H	B	T	P	E	D	K	W	U
U	A	M	E	R	I	C	A	N	U

help
talk
turn
problem
every
start
hand
might
American
show

PUZZLE 04

O	V	E	R	F	J	O	S	T	B
S	A	B	O	U	T	O	H	F	A
C	R	R	A	G	A	I	N	L	Q
F	E	W	X	K	V	J	X	D	C
S	P	L	A	C	E	D	K	G	A
R	Q	O	W	E	E	K	T	A	S
O	S	U	C	H	E	D	V	U	E
D	M	O	S	T	F	L	Z	V	Q
R	G	K	V	A	E	Q	M	N	M
P	G	S	W	B	P	A	R	T	R

part
about
place
over
such
again
few
case
most
week

PUZZLE 05

S	E	A	C	H	G	M	M	L	W
H	E	A	R	S	O	N	K	N	B
J	Q	A	I	O	Z	R	A	V	P
M	B	R	I	G	H	T	C	X	L
J	M	T	D	Q	Z	Q	J	Z	A
P	P	C	O	M	P	A	N	Y	Y
U	Q	U	E	S	T	I	O	N	T
S	Y	S	T	E	M	U	W	Z	K
Z	P	R	O	G	R	A	M	J	F
Q	P	W	O	R	K	I	S	C	I

company
system
each
right
program

hear
so
question
work
play

PUZZLE 06

G	E	B	F	L	I	V	E	X	U
N	H	R	T	V	Q	U	J	M	M
U	D	X	A	L	W	A	Y	S	R
M	S	Z	G	U	D	L	K	O	H
B	M	U	U	R	Q	V	I	P	N
E	A	A	N	U	M	I	O	J	I
R	L	B	Q	N	O	X	F	T	G
U	L	V	L	B	V	H	F	L	H
J	Q	D	M	R	E	R	X	G	T
L	I	K	E	L	O	O	S	W	C

run
small
number
off
always
move
like
night
live
Mr

PUZZLE 07

B	R	I	N	G	N	S	D	Z	B
P	K	H	R	J	H	E	M	E	A
B	O	I	B	E	X	O	X	M	L
K	E	I	H	E	X	N	L	T	L
I	B	L	N	A	F	H	N	D	Q
C	P	X	I	T	P	O	O	F	K
L	A	R	G	E	E	P	R	G	R
O	R	P	J	D	V	K	E	E	K
T	O	D	A	Y	R	E	T	N	T
P	T	P	W	W	J	L	M	Q	U

point
believe
hold
today
bring
happen
next
before
large
all

PUZZLE 08

M	U	S	T	X	N	E	L	G	D
S	O	H	U	N	D	E	R	T	M
A	K	G	X	Z	V	C	G	L	F
W	U	G	G	A	R	E	A	F	H
R	J	R	O	O	M	O	D	H	O
I	A	C	K	T	W	X	S	C	M
T	M	M	I	L	L	I	O	N	E
E	N	A	T	I	O	N	A	L	H
I	M	O	T	H	E	R	A	I	J
A	W	A	T	E	R	G	P	M	C

million
must
home
under
water
room
write
mother
area
national

PUZZLE 09

X	D	S	T	U	D	Y	G	D	V
W	I	L	O	T	S	U	D	H	B
I	F	D	S	D	C	N	E	B	F
X	F	R	T	M	O	N	E	Y	H
B	E	I	O	H	R	T	Y	V	Z
O	R	G	R	J	R	M	O	L	F
O	E	H	Y	B	C	P	U	U	A
K	N	T	D	M	K	U	N	Q	C
U	T	U	Q	O	G	W	G	D	T
W	G	M	O	N	T	H	Z	J	Z

money
story
young
fact
month

different
lot
right
study
book

PUZZLE 10

U	B	E	L	I	X	W	B	M	F
A	T	T	E	P	W	I	U	E	A
S	S	H	F	Y	M	R	S	Z	L
U	I	O	O	K	E	S	I	B	S
M	S	U	U	I	T	V	N	S	I
Q	S	G	R	N	H	W	E	A	D
C	U	H	P	D	E	O	S	J	E
G	E	M	Q	N	A	R	S	O	V
U	J	V	W	I	D	D	L	B	J
A	D	X	F	Q	V	P	K	H	H

eye
job
word
though
business

issue
side
kind
four
head

Color the sight word in the box below **yellow**

yellow	come	yellow	away	yellow
funny	yellow	three	yellow	where
yellow	jump	yellow	help	yellow
little	yellow	down	yellow	play
yellow	blue	yellow	find	yellow

a

a	come	the	a	yellow
funny	a	three	you	a
a	jump	said	a	help
little	we	a	find	play
a	blue	two	find	a

Color the sight word in the box below

to

can	to	blue	away	to
to	yellow	to	look	where
see	to	here	and	to
to	the	to	me	two
not	to	we	find	to

the

the	come	blue	away	the
funny	big	the	look	where
the	jump	here	the	two
little	the	down	yellow	the
the	blue	the	find	you

Color the sight word in the box below

it

it	come	it	away	it
funny	it	three	it	where
it	jump	it	help	it
little	it	down	it	play
it	blue	it	find	it

and

can	and	blue	away	to
and	yellow	and	look	where
see	and	here	and	to
and	the	and	me	two
not	and	we	find	and

Color the sight word in the box below

for

for	come	the	for	to
funny	for	three	not	for
for	jump	the	for	help
little	we	for	find	play
for	blue	two	find	for

said

said	come	blue	and	said
funny	big	said	look	where
said	jump	here	said	two
little	said	down	yellow	said
said	blue	said	find	to

Color the sight word in the box below

can

can	come	the	can	said
funny	can	three	not	can
can	jump	the	can	help
little	we	can	here	play
can	blue	two	find	can

down

down	in	blue	and	down
funny	big	down	look	the
down	jump	here	down	two
we	down	away	yellow	down
down	blue	down	find	to

Sight words spelling list

far	often	later	nothing
black	yet	community	ago
long	line	much	right
both	political	name	lead
little	end	five	social
house	ever	once	under-stand
yes	stand	white	back
after	bad	least	watch
long	lose	president	together
provide	however	learn	follow
service	member	real	around
around	pay	change	parent
friend	law	team	only
important	meet	minute	stop
father	car	best	face
sit	city	several	create
away	almost	idea	public
power	include	kid	already
hour	continue	body	speak
	set	information	read

Sight words spelling list

level	walk	foot	die
allow	reason	second	send
add	low	boy	expect
office	win	maybe	home
spend	research	able	sense
door	girl	age	build
health	guy	off	stay
person	early	policy	fall
art	food	love	nation
sure	before	process	plan
such	moment	music	cut
war	air	consider	college
history	teacher	appear	interest
party	force	actually	death
within	offer	buy	course
grow	enough	probably	someone
result	both	human	experience
open	education	wait	behind
change	across	serve	reach
morning	remember	market	local

Sight words spelling list

kill	sometimes	whole	carry
six	require	police	town
remain	along	mind	road
effect	report	finally	drive
use	role	pull	arm
yeah	better	return	true
suggest	economic	free	federal
class	effort	military	break
control	up	price	better
raise	decide	report	thank
care	rate	less	receive
perhaps	strong	according	value
little	possible	decision	building
late	heart	explain	action
hard	drug	son	full
field	show	hope	model
pass	leader	even	join
former	light	develop	season
sell	voice	view	society
major	wife	relationship	tax

Sight words spelling list

director	site	figure	worker
early	end	face	news
position	project	street	test
player	hit	image	movie
agree	base	phone	certain
especially	activity	either	north
record	star	data	love
pick	table	cover	personal
wear	need	quite	open
paper	court	picture	support
special	produce	clear	simply
space	eat	practice	third
ground	American	piece	technology
form	teach	land	catch
support	oil	recent	step
event	half	describe	baby
official	situation	product	computer
matter	easy	doctor	type
center	cost	wall	attention
couple	industry	patient	draw

Sight words spelling list

film	chance	rule	future
Republican	brother	daughter	wrong
tree	energy	south	involve
source	period	husband	defense
red	course	Congress	increase
nearly	summer	floor	security
organiza-tion	less	campaign	bank
choose	realize	material	certainly
cause	hundred	population	west
hair	available	well	sport
look	plant	call	board
point	likely	economy	seek
century	opportunity	medical	subject
evidence	term	hospital	officer
window	short	church	private
difficult	letter	close	rest
listen	condition	thousand	behavior
soon	choice	risk	deal
culture	place	current	fight
	single	fire	throw

SOLUTION

PUZZLE 01 (Solution)

Q	A	V	L	B	P	K	W	J	L
W	H	I	L	E	M	U	T	R	H
X	H	H	X	O	G	E	T	W	D
O	N	X	O	J	Z	L	A	U	E
H	F	O	S	U	J	E	K	N	Q
S	Z	B	N	L	T	A	E	T	Z
A	U	W	T	G	H	V	E	A	O
F	A	M	I	L	Y	E	P	O	W
L	Q	K	I	A	A	Z	I	E	N
U	F	P	O	L	D	U	O	J	C

PUZZLE 02 (Solution)

W	B	E	G	I	N	R	C	P	C
H	R	E	D	E	A	U	L	J	W
Y	M	S	S	W	L	T	E	G	C
H	H	G	T	S	T	E	V	R	O
E	K	R	U	A	O	Z	T	E	U
C	W	O	D	M	A	G	L	A	N
F	B	U	E	E	I	B	O	T	T
I	U	P	N	W	S	I	U	R	R
C	Z	D	T	G	H	G	L	A	Y
M	U	V	S	E	E	M	S	L	X

PUZZLE 03 (Solution)

H	V	P	H	L	R	V	S	S	A
N	W	R	A	A	E	C	T	Q	E
M	U	O	N	J	I	B	A	M	V
R	L	B	D	O	E	F	R	D	E
G	T	L	M	I	T	B	T	G	R
X	U	E	I	H	S	A	J	J	Y
S	R	M	G	E	M	H	L	N	J
B	N	S	H	L	G	F	O	K	Z
R	H	B	T	P	E	D	K	W	U
U	A	M	E	R	I	C	A	N	U

PUZZLE 04 (Solution)

O	V	E	R	F	J	O	S	T	B
S	A	B	O	U	T	O	H	F	A
C	R	R	A	G	A	I	N	L	Q
F	E	W	X	K	V	J	X	D	C
S	P	L	A	C	E	D	K	G	A
R	Q	O	W	E	E	K	T	A	S
O	S	U	C	H	E	D	V	U	E
D	M	O	S	T	F	L	Z	V	Q
R	G	K	V	A	E	Q	M	N	M
P	G	S	W	B	P	A	R	T	R

PUZZLE 05 (Solution)

S	E	A	C	H	G	M	M	L	W
H	E	A	R	S	O	N	K	N	B
J	Q	A	I	O	Z	R	A	V	P
M	B	R	I	G	H	T	C	X	L
J	M	T	D	Q	Z	Q	J	Z	A
P	P	C	O	M	P	A	N	Y	Y
U	Q	U	E	S	T	I	O	N	T
S	Y	S	T	E	M	U	W	Z	K
Z	P	R	O	G	R	A	M	J	F
Q	P	W	O	R	K	I	S	C	I

PUZZLE 06 (Solution)

G	E	B	F	L	I	V	E	X	U
N	H	R	T	V	Q	U	J	M	M
U	D	X	A	L	W	A	Y	S	R
M	S	Z	G	U	D	L	K	O	H
B	M	U	U	R	Q	V	I	P	N
E	A	A	N	U	M	I	O	J	I
R	L	B	Q	N	O	X	F	T	G
U	L	V	L	B	V	H	F	L	H
J	Q	D	M	R	E	R	X	G	T
L	I	K	E	L	O	O	S	W	C

PUZZLE 07 (Solution)

B	R	I	N	G	N	S	D	Z	B
P	K	H	R	J	H	E	M	E	A
B	O	I	B	E	X	O	X	M	L
K	E	I	H	E	X	N	L	T	L
I	B	L	N	A	F	H	N	D	Q
C	P	X	I	T	P	O	O	F	K
L	A	R	G	E	E	P	R	G	R
O	R	P	J	D	V	K	E	E	K
T	O	D	A	Y	R	E	T	N	T
P	T	P	W	W	J	L	M	Q	U

PUZZLE 08 (Solution)

M	U	S	T	X	N	E	L	G	D
S	O	H	U	N	D	E	R	T	M
A	K	G	X	Z	V	C	G	L	F
W	U	G	G	A	R	E	A	F	H
R	J	R	O	O	M	O	D	H	O
I	A	C	K	T	W	X	S	C	M
T	M	M	I	L	L	I	O	N	E
E	N	A	T	I	O	N	A	L	H
I	M	O	T	H	E	R	A	I	J
A	W	A	T	E	R	G	P	M	C

PUZZLE 09 (Solution)

X	D	S	T	U	D	Y	G	D	V
W	I	L	O	T	S	U	D	H	B
I	F	D	S	D	C	N	E	B	F
X	F	R	T	M	O	N	E	Y	H
B	E	I	O	H	R	T	Y	V	Z
O	R	G	R	J	R	M	O	L	F
O	E	H	Y	B	C	P	U	U	A
K	N	T	D	M	K	U	N	Q	C
U	T	U	Q	O	G	W	G	D	T
W	G	M	O	N	T	H	Z	J	Z

PUZZLE 10 (Solution)

U	B	E	L	I	X	W	B	M	F
A	T	T	E	P	W	I	U	E	A
S	S	H	F	Y	M	R	S	Z	L
U	I	O	O	K	E	S	I	B	S
M	S	U	U	I	T	V	N	S	I
Q	S	G	R	N	H	W	E	A	D
C	U	H	P	D	E	O	S	J	E
G	E	M	Q	N	A	R	S	O	V
U	J	V	W	I	D	D	L	B	J
A	D	X	F	Q	V	P	K	H	H

Made in the USA
Monee, IL
08 November 2026

67948339R00037